Aviso legal

Las recomendaciones, ideas, sugerencias, descripciones y métodos presentados en este manual tienen únicamente propósitos educativos. Ni el autor o la editorial asumen responsabilidad legal por daños como consecuencia del uso de este material. El uso o interpretación de este libro es exclusivamente a riesgo de cada usuario.

Consejos para implementar la Formación W
(Titulo en inglés «W Formation: Fire attack and tactics»)
Derechos de autor © 2011
José Musse
New York City, U.S.A.

ISBN-13: 978-1475098266

Una copia en la Biblioteca del Congreso de los Estados Unidos de América está disponible a solicitud.

Todos los derechos reservados. Ninguna parte de este libro puede ser reproducida electrónicamente, mecánicamente o manualmente. No puede ser transcrito de alguna forma, sea fotocopiado o almacenado digitalmente sin autorización expresa de su autor.

2 Consejos para implementar la Formación W

Dedicatoria

A mi esposa Maria que siempre apoya cada uno de mis proyectos, inclusive los más absurdos. A través de los años, incanzablemente se ha encargado de todos los detalles de la familia para que pueda dedicar horas escribiendo, desarollando conceptos y perfeccionado algunas ideas en beneficio de todos mis hermanos bomberos.

Especial gratitud a mi amigo Rocky Jean-Philippe. Sin su apoyo este libro nunca hubiera sido escrito.

A mis hijos Carlos y Michelle por ser una fuente inacabable de inspiración y alegrias.

José Musse

Agradecimiento

Mi gratitud y dedicación de este trabajo al equipo de treinta personas que hacen posible la revista ***Desastres.org*** y el ***Foro de Emergencias y Desastres***.

Muy especialmente a Alex Quintanilla, Ed Pearce, David T. Crews, Isabel McCurdy, Enrique Martín Cuervo, Fernando Bermejo Martín, Rony Iván Véliz, David Rodríguez Carrasco, Gerardo Fabián Crespo, Martín León Lu, Eudo Hernández, Andrés Medina Villegas, Raúl Leiva Escudero y Mariana Sathya Llull.

A los bomberos que cedieron sus fotos para ilustrar mejor las ideas aquí expuestas.

4 Consejos para implementar la Formación W

Introducción

La *formación W* es una de las maniobras más hermosas y elegantes que desarrollan los bomberos. Es tan atractiva que muchas veces se implementa en exhibiciones o simulacros, porque capturan la atención de la audiencia como ninguna otra. Por años he tenido fascinación por este ejercicio y siempre me ha llamado la atención de que no haya suficiente literatura sobre esta maniobra. Es sorprendente la escasa bibliografía que existe sobre el particular, en especial porque es una maniobra imprescindible para combatir feroces incendios en líquidos y gases inflamables.

A lo largo de los años un bombero ejecutará varias veces la *formación W*. Sin embargo, he notado que al desplegarse los bomberos con dos neblinas formando los vistosos escudos de agua, rara vez se sigue un estándar.

En un ejercicio regular de entrenamiento los bomberos son adiestrados en su ejecución, pero pocas veces se pone énfasis en ciertos detalles. Por ejemplo, muchas veces no se dedica tiempo en explicar como debe ser dirigido un equipo que está realizando una *formación W*, en especial cuando la visibilidad es casi nula de por sí y cuando el agua toca las flamas, las condiciones solo empeoran.

No me puedo imaginar un escenario más peligroso que avanzar sobre líquidos inflamables a ciegas.

En este manual he querido sugerir algunos estándares, proponer algunos principios y conceptos. Espero les sean útiles.

José Musse

Indice

Dedicatoria..2
Agradecimientos...3
Introducción...4
Familiarizarse...6
Seguridad..12
Los Away team..26
Entrenándose..34
¿Quién es quién?...46
Comunicaciones..52
El Autor..65

Familiarizarse

Lo más interesante de esta maniobra es que es similar a ejecutar una danza o ballet en el escenario. No es un —*solo*— por lo tanto se requiere que todos los bomberos que tomen parte sean diestros en su ejecución.

8 Consejos para implementar la Formación W

Foto: José Musse.

El primer paso es familiarizarse con el equipo a usarse, en este caso deben las mangueras y boquillas de agua ser una extensión natural del cuerpo de cada miembro del equipo que desarrollará la *formación W*. Lo más interesante de esta maniobra es que es similar a ejecutar una danza o ballet en el escenario. No es un —solo— por lo tanto se requiere que todos los bomberos que tomen parte sean diestros en su ejecución. Para realizar esta maniobra se necesitan pitones en buen estado. Una forma practica de descubrir el estado del pitón es revisando los tipos de neblinas y sus calidades. Una neblina de 45°— 80° que se muestre dispareja

CUIDADO	IDEAS	TIPS
Conocimientos básicos de hidráulica son necesarios. Asegúrese de tener el conocimiento necesario.	La danza ayuda en el aprendizaje de sincronizar los movimientos del cuerpo. ¡Baile! será mejor bombero.	Conozca cada detalle técnico de sus mangueras, bomba y pitones.

José Musse

no debe usarse. Los bomberos cuentan con la calidad de dispersión del agua para tener éxito en sus operaciones. Mantenimiento regular debe ser realizado para asegurar un óptimo resultado. Contacte con el fabricante o representante de la marca si tiene dudas.

Para el oficial que dirija a la *formación W*, hay otros requisitos adicionales como conocimientos sólidos en hidráulica aplicada a la protección contra incendios. Más allá de la teoría debe ser diestro para reconocer a simple vista cuando un chorro no es efectivo.

Puede calcular presiones adecuadas y verificar que la presión de bomba sea la correcta. Adicionalmente, se espera que un oficial de bomberos sepa fácilmente reconocer el humo del vapor de agua.

El segundo significa que la extinción está siendo exitosa, el primero es un indicador de problemas.

Más allá de los conocimientos que se espera de todo oficial, este debe ser diestro para ejecutar la tarea que se espera cumpla con la *formación W*. Esto significa que tenga sólidos conocimientos en esta maniobra. Nadie quiere ser dirigido por un inexperto. Esta necesidad de experiencia cubre una infinidad de tareas que van desde apagar un fuego a presión, cerrar una válvula, extinguir un derrame de líquidos inflamables, etc.

CUIDADO — En plantas industriales. Hay cosas que quizá deba saber antes de operar mangueras.

IDEAS — Practique y evalué a su equipo de bomberos acorde a la NFPA 1410.

TIPS — En fuegos a presión todo lo que se necesita a veces es un buen extintor para hacer el trabajo.

10

Consejos para implementar la Formación W

La clave del éxito no está en saber más solamente. Por supuesto, el conocimiento ayuda, pero ésta tarea requiere muchas horas de practicas para hacerla más segura y eficiente.

Una *formación W* es un paso posterior a la que un bombero puede aspirar luego de tener un dominio completo del trabajo como pitonero. El bombero antes de proceder con esta maniobra debe ser diestro en el montado y manejo de mangueras de diferentes diámetros.

Los tiempos que toma y la habilidad para realizar maniobras individuales o como equipo trabajando con mangueras es importante. La NFPA 1410 Standard on Training for Initial Emergency Scenes Operation es una excelente referencia. Que puede y debe usarse, antes de perfeccionarse en esta importante maniobra, pues garantiza un mínimo de comprensión y habilidad.

Tome ventaja de que la National Fire Protection Association (NFPA) la distribuye gratuitamente en la Internet.

Seguridad

Moverse, caminar con mangueras hace fácil que los bomberos salgan fuera del patrón más seguro de las neblinas.

14

Consejos para implementar la Formación W

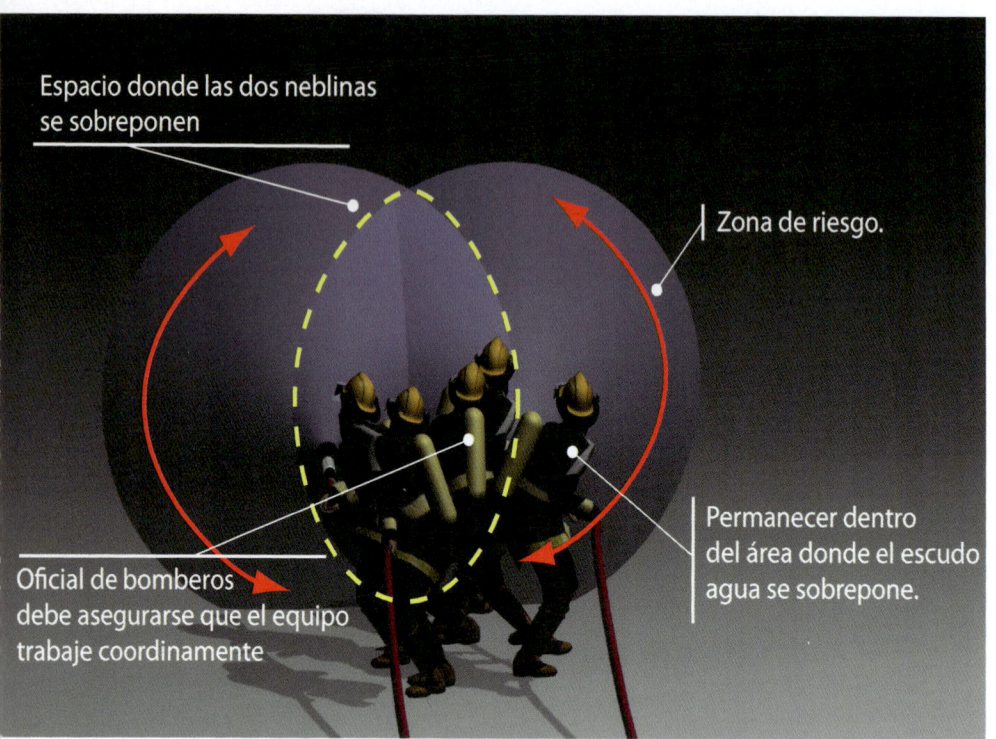

Espacio donde las dos neblinas se sobreponen

Zona de riesgo.

Oficial de bomberos debe asegurarse que el equipo trabaje coordinamente

Permanecer dentro del área donde el escudo agua se sobrepone.

Para desarrollar una adecuada *formación W* es necesario entender la anatomía y dinámica de las neblinas de agua. Se requieren muchas horas de practica para lograr que el equipo de bomberos permanezca la mayor parte del tiempo dentro de la zona más segura, precisamente donde los dos escudos se encuentran.

Moverse, caminar con mangueras hace fácil que los bomberos salgan fuera del patrón más seguro de las neblinas. En la neblina de protección existe un área que es extremadamente sensible y vulnerable. Primero porque la

CUIDADO	IDEAS	TIPS
En fuegos violentos o intensos evite separarse del grupo.	Sea familiar con las principales industrias de la zona de influencia de su unidad.	Siempre debe llevar la cuenta del tiempo de duración de su aire. En el exterior alguien debería llevar ese mismo control.

José Musse

neblina acaba, es en ésta área menos densa de agua la más débil. Lo que la hace vulnerable a ventiscas y fuegos a presión. Es en ese lugar donde se produce un fenómeno de vortices que trae escombros y calor radiante al equipo.

Cuando la *formación W* no está supervisada y dirigida por un oficial exterior y toda la responsabilidad recae en el líder del grupo que dirige la misma formación, muchas veces este se separá ligeramente del equipo tan solo —*para ver que está pasando*— Eso lo pone a él en un riesgo innecesario. Una mejor coordinación y gerencia de la escena nunca permite que los bomberos entren a una zona de riesgo indebidamente.

16

Consejos para implementar la Formación W

Independiente de los programas de mantenimiento, los bomberos deben probar su pitón antes de ingresar a zonas problemáticas. Nótese en la foto que el chorro de neblina es uniforme.

Foto: Charles A. Edwards Jr., US Navy.

Neblina de ataque o un chorro de 45°— 80°. Este chorro es ideal cuando se desea focalizar el poder del agua en un área específica.

Foto: Barry Ril, US Navy.

CUIDADO: Debe tenerse una adecuada política de mantenimiento preventivo de todo equipo bomberil.

IDEAS: Mensualmente pruebe los pitones y sus diferentes chorros. Observe diferencias entre ellos.

TIPS: El mejor bombero es el que nunca sufre lesiones o heridas.

José Musse

17

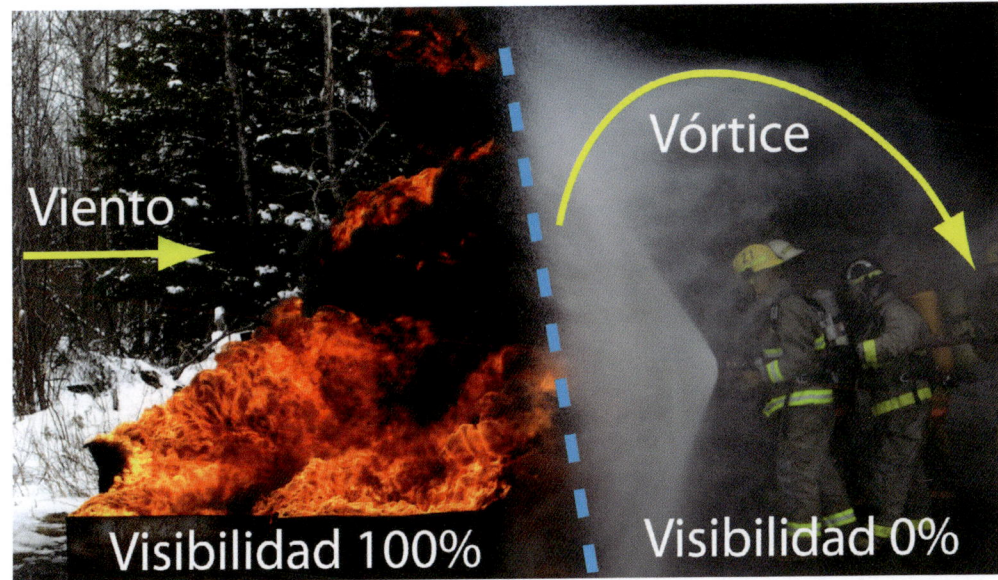

Foto: Jefe Spencer del Conmee Fire Department, Canadá.

Cuando la *formación W* entra en contacto con el fuego se puede apreciar el impacto térmico producido. En la foto se observa un equipo que actúa en forma compacta, acortando el espacio que hay entre bombero y bombero. Se debe ser muy cuidadoso en esta etapa. Cualquier fuego violento que emerja o cualquier interrupción del flujo de agua, inclusive una reducción de caudal o presión significativa, pondría a todo el equipo de bomberos en inmediato peligro.

En la imágen puede apreciarse el contraste que existe de visibilidad. Por un lado es normal y por el otro las condiciones son de cero visibilidad. En la foto las condicones lucen mejores de lo que son. Los bomberos

CUIDADO	IDEAS	TIPS
Haga saber a su equipo si ha perdido visibilidad. Quizá no sea igual para todo el grupo.	Ejercítese con cero visibilidad. Aprenda a guiarse por instintos. Escuche y sienta los movimientos.	Si solo el pitonero pierde visibilidad debe cambiar posición con el ayudante de pitonero.

18

Consejos para implementar la Formación W

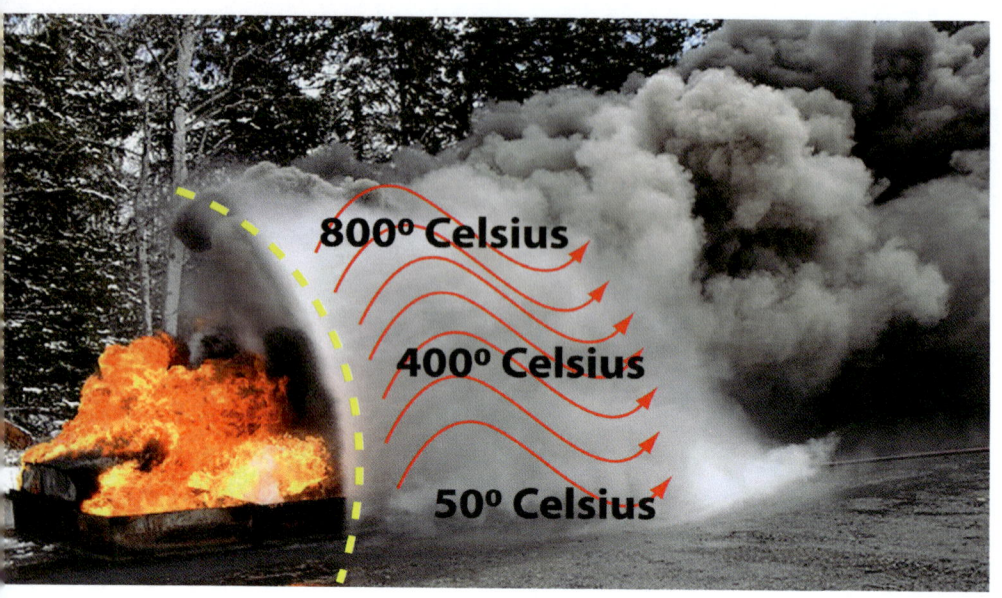

Foto: Jefe Spencer del Conmee Fire Department, Canadá.

que se alimentan de un aire frio proveniente de sus *SCBA* pueden sufrir la condensación del choque de temperaturas en el interior de su máscara, lo que lo hace extremadamente peligroso. Considerando que no todas las atmósferas serán respirables el riesgo es mayor. A lo que hay que agregar las finas gotas de niebla que caen sobre su viscera en el exterior. Empeorando todo el escenario. Aunque los bomberos pueden verse con dificultad los unos a los otros, no pueden ver nada sobre el escenario adelante de ellos, precisamente donde está el peligro. De ahí la necesidad de la supervisión exterior y una adecuada comunicación por radio para evitar caídas en pozas de combustible u otros peligros ocultos a la vista del equipo que desarrolla la *formación W*. En incendios en interiores los problemas de visibilidad

José Musse

19

Foto: José Musse, Engine 308 FDNY.

se combaten de dos formas. Ventilando e iluminando. Cuando en la lucha contra incendios exterioriores se pierde visibilidad por lo general no hay mucho que se pueda hacer.

En escenarios reales debe agotarse todo recurso para combatirse este tipo de fuegos a favor del viento. Es recomendable que en esta maniobra el equipo de bomberos este preparado para retroceder con rápidez si ocurre una falla. Practicar hasta lograr pericia en esta maniobra es esencial para que sea segura. Una alternativa en esta maniobra es reducir la exposición del cuerpo, agachándose. La parte negativa de agacharse en esta maniobra es que dificulta una pronta retirada de ser necesario. Sin embargo, al reducirse

CUIDADO	IDEAS	TIPS
Si el calor es muy intenso para usted, pese a las neblinas, hágalo saber al líder. No se averguence.	Prepare un poza de combustible para quemarla. Observe su evolución de principio hasta el final.	Aprenda a controlar su respiración con el SCBA. Logrará mayor productividad en escena.

Consejos para implementar la Formación W

la exposición corporal al fuego —*los mismos bomberos se protegen entre ellos sirviendo de escudos*— y en caso de interrupción del flujo de agua, el equipo de bomberos estará en la zona baja del terreno, que suele ser la más fría de un incendio. Nótese que esta brigada está actuando contra el viento.

Entrenarse en esas condiciones es deseable, pero solo para enseñar al equipo las dificultades reales que se pueden encontrar, además de entender de porque es necesario tener una gran movilidad como equipo, dado que en muchos escenarios la dirección e intensidad del viento puede cambiar repentinamente.

En este tipo de fuego existe una estratificación de la temperatura, aunque solo será notable en su cercanía. Este equipo no tendrá éxito en su cometido o lo logrará con mucha dificultad. El lado negativo de trabajar en condiciones tan adversas es que se consumirá más recursos. Agua y aire (*SCBA*) puesto que el equipo podría invertir más tiempo en la extinción.

Por lo mismo urge que se garantice una estable provisión de caudal y presión. Que no vaya a fallar, justo cuando los hombres al frente más lo necesiten.

José Musse

21

Foto: Jefe Mike Norman, Amber Fire Department, Oklahoma.

Recomendaciones al implementar la *formación* W

- ✓ Antes de actuar tenga un plan claro de acción.
- ✓ Escuche más, hable menos.
- ✓ El principio de seguridad máximo es: Si da un paso adelante es porque sabe dar dos hacía atrás.
- ✓ Usted debe saber qué se espera de usted y de su equipo. Qué objetivo deben lograr y cuánto tiempo aproximadamente le tomará. Tenga un tiempo máximo de despliegue, un tiempo máximo de acción y

---

CUIDADO: Presión de bomba y reserva de agua es clave antes de empezar un acción ofensiva.

IDEAS: Planear es importante, brinda seguridad y permite evaluar el progreso. Hágalo.

TIPS: Un buen plan empieza con simples preguntas. ¿Qué se debe hacer y ¿cómo se puede hacer?

Consejos para implementar la Formación W

un tiempo máximo de repliegue. De esta manera no le faltará aire (*SCBA*).
- ✓ Tenga siempre más de un ojo en el equipo que desarrolla la operación.
- ✓ No se puede distraer, cada minuto cuenta. Los fuegos en gases y líquidos inflamables son violentos y en algunos casos impredecibles.
- ✓ Tenga un Rapid Intervention Team (*RIT*).
- ✓ Vea si es necesario implementar un Away team (*AT*) *véase capítulo *Los Away team*.
- ✓ Es importante considerar que excesivas mangueras operando no afecten el desarrollo general, perdiendo todas o algunas de ellas presión o caudal.

José Musse

Foto: Bombero Brian Rourke, Sur de Wales, Australia.

El Supervisor alternativo

Cuando no se cuenta con un oficial de bomberos que pueda supervisar desde lejos —*binoculares*— la ruta que el equipo de bomberos debe seguir, advirtiendo de peligros ocultos u otras situaciones, puede establecerse otra linea de mangueras cerca, pero desde otra posición con el objetivo de tener otra perspectiva visual. Esta línea de agua no tiene ningún cometido en la extinción, debe estar bajo la operación de un oficial que tenga como misión asistir a la *formación W*, monitoreando la evolución del fuego

24
Consejos para implementar la Formación W

Foto: Michael Meadows

y proveyendo de información al líder de la *formación W* que a la vez ordenará a sus hombres el mejor curso de acción. El riesgo que se corre es que muchas veces este oficial de bomberos cuyo trabajo es la supervisión se envuelve directamente en las tareas de combate de incendios, perdiéndose la perspectiva de su puesto. Si ello ocurre, puede comprometerse la seguridad de todo el equipo que desarrolla la *formación W*.

Es obligación del Comandante del Incidente explicar y definir que se espera de cada puesto. Evaluando a todos los bomberos en el campo y haciendo los ajustes necesarios para que los planes marchen de acuerdo a lo deseado.

CUIDADO: En caso que no pueda sofocar el fuego y deba retirarse no cierre la boquilla, podría quemarse.

IDEAS: Practique la caminata del "patito" es la forma más segura de avanzar.

TIPS: Es importante mantenerse hidrato luego de una actuación de este tipo.

Los Away Team

Es importante que el equipo antes de actuar en el terreno tenga una hoja de ruta mental del camino a seguir, de los obstáculos y problemas que enfrentará.

28

Consejos para implementar la Formación W

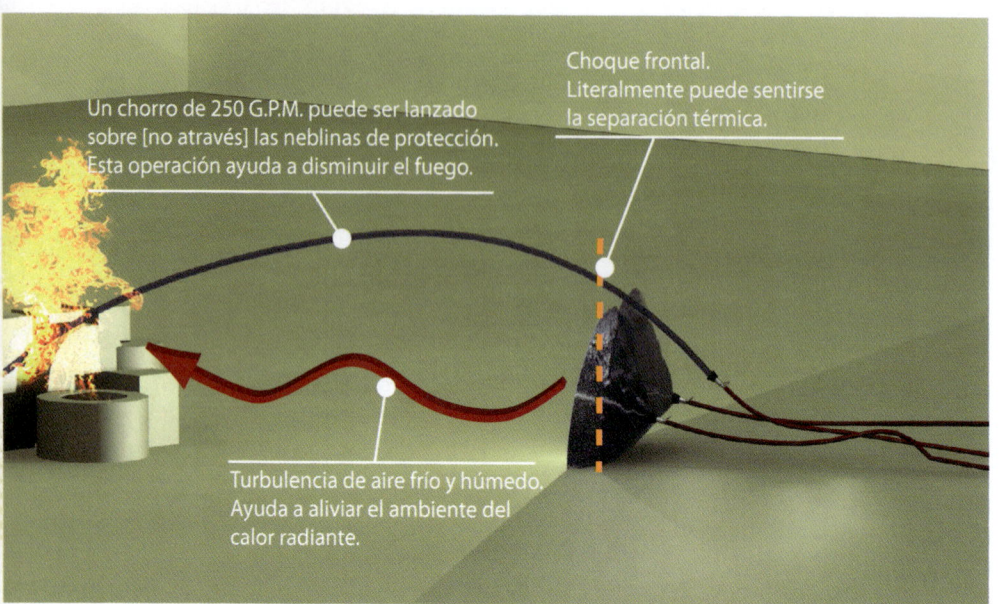

Un chorro de 250 G.P.M. puede ser lanzado sobre [no através] las neblinas de protección. Esta operación ayuda a disminuir el fuego.

Choque frontal. Literalmente puede sentirse la separación térmica.

Turbulencia de aire frío y húmedo. Ayuda a aliviar el ambiente del calor radiante.

Cuando he estado en Comando felizmente nunca nadie resulto herido ni falleció. Una de mis prioridades tácticas siempre ha sido favorecer las maniobras defensivas. Sin embargo, la *formación W* es por naturaleza una maniobra ofensiva que se realiza en un ambiente abierto saturado de calor y gases. Por lo mismo, debemos redoblar esfuerzos para no enviar bomberos salvo sea extremadamente necesario. Contemple primero otras posibilidades como saturar el ambiente con agua desde monitores o tener desplegadas mangueras adicionales que protejan al equipo humano que se aproxima, sí es que

---

CUIDADO: La visibilidad siempre es un reto. No subestime las neblinas protectoras, asi sea trabajando a plena luz.

IDEAS: Entrene con la mayor frecuencia posible. Siempre con SCBA y obstáculos.

TIPS: Tenga dos oficiales con binoculares y radio monitoreando a su equipo.

José Musse

debe enviar uno. Busque a los más experimentados para esta tarea. No funciona hacer como en las películas y preguntar por voluntarios. Usted conoce a sus hombres y sabe quién es el mejor para este trabajo.

Planes de campo

Es importante que el equipo antes de actuar en el terreno tenga una hoja de ruta mental del camino a seguir, de los obstáculos y problemas que enfrentará. Es imprescindible que ésta tarea no sea obviada por el Comandante del Incidente. Una reunión previa con el equipo para repasar el trabajo o tarea asignada es imprescindible. No hay mejor forma que entrenar a bomberos en la *formación W* que adiestrándolos a superar obstáculos y caminar sobre zonas resbalosas. No olvidemos que muchas veces estos incidentes involucran líquidos o aceites, que además están en una zona cubierta por finas gotas de agua.

Una variable de la *formación W* es lanzar un chorro mayor desde atrás, que sino nos lleva a la extinción, al menos aplaca las llamas. Mientras que las neblinas del escudo protector protegen de la radiación a los bomberos que se aproximan al fuego o gases.

Alivio y reservas

Asegúrese de estimar el tiempo que tardará el equipo en recorrer la zona hasta el lugar donde trabajará la extinción final —*posiblemente cerrando válvulas de gas o líquidos inflamables*— Es posible que se queden cortos de aire comprimido (*SCBA*). Aunque en incendios de líquidos inflamables o gases, que se combaten en el exterior son respirables por lo general, es altamente recomendable actuar con

---

CUIDADO: Discuta anticipadamente con su equipo qué deben hacer y cómo deben hacerlo.

IDEAS: Explore el concepto de Away team en otro tipo de escenarios, en especial los de gran escala.

TIPS: Practique ésta maniobra durante dos horas semanalmente por 6 meses.

SCBA. Pues no dejan de ser tóxicos y peligrosos, en especial si se respiran gases inflamables que están esperando deflagrar. En este caso, si el equipo corre el riesgo de quedarse sin aire trabaje en un —*Away team*—

Los Away team

No se moleste en buscar bibliografía sobre este termino que aplique al campo bomberil —pues es de mi invención— Este termino lo tome prestado de la serie de televisión **Star Trek** y lo uso para referirme a equipos que van a cumplir misiones de respaldo. No confundir con los Rapid Intervention Team (*RIT*). Como explique líneas arriba ¿qué pasa si al equipo se le agota el aire comprimido? Podemos declarar emergencia y enviar a un (*RIT*). Sin embargo, si nosotros anticipamos que eso pasará, no hay porque declarar en emergencia lo que puede ser planeado.

En el caso que un grupo avance a una locación donde deberá cerrar una válvula por fuga de gases tóxicos e inflamables, debemos enviar tras de ellos un Away team. No para ayudarlos directamente en la operación de control, sino específicamente para plantar por ejemplo en el terreno botellas de aire. Cuando el equipo que fue enviado a cerrar la o las válvulas de gas o realizó otras tareas sabrá donde y cuantas botellas los aguardan en su camino.

Por supuesto esto debe ser previsto en los planes y señalizarse apropiadamente la locación del material de apoyo, acordado previamente con el equipo de bomberos que esta haciendo el trabajo difícil.

José Musse

Estime las provisiones necesarias que pueda necesitar la **formación W** y asegúrese que el Away team los provea de lo necesario en su camino de regreso. Los recursos así asignados que se plantan en el campo, se vuelven en un bolsón de recursos, en un mini Staging Area. En caso de una falla en un *SCBA* o un agotamiento prematuro, el equipo de bomberos sabrá que muy cerca de ellos hay una fuente de abastecimiento y que no deberán recorrer todo el camino de regreso.

CUIDADO	IDEAS	TIPS
Piense en los Away team como los bomberos que preparan la logística en escena.	En incidentes industriales los equipos que plante el Away team quizá podrían ser sumistrados por la empresa.	Siempre coordina con el Departamento de Seguridad de las empresas.

Consejos para implementar la Formación W

Un Away team puede proveerlos de herramientas extras necesarias para completar la tarea, como cizallas, llaves T, combas, etc.

En ciertas situaciones es mejor que un Away team haga su ingreso primero en la escena, quizá cubierto por una *formación W* inicial, solo para plantar recursos extra en la escena, que luego otra *formación W*, haga el trabajo final de extinción o cierre de válvulas. Aunque no necesariamente deba crearse una *formación W* para un Away team. Si los recursos no se colocan en una zona de excesivo calor radiante, probablemente no se requiera extender mangueras extras.

El Comandante del Incidente debe determinar el equipo que debe llevarse y su localización. Planeación y adecuada ejecución es clave para el éxito de las operaciones en la línea del fuego.

33

José Musse

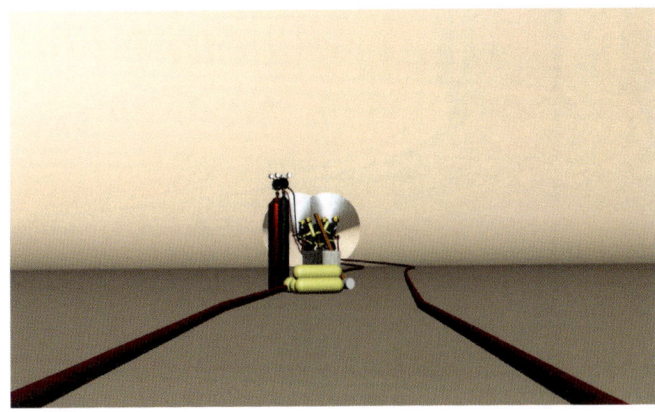

La distancia entre el fuego y los recursos plantados por los Away team pueden variar de una situación a otra. Depende del equipo a trasladarse y de su sensibilidad al calor o medioambiente.

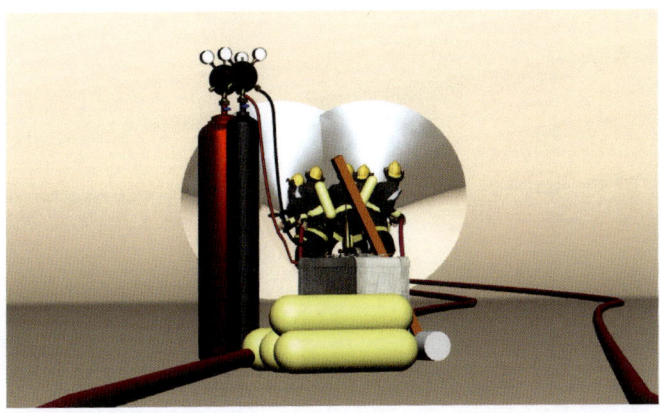

Lo más cerca posible de donde se necesiten y sea seguro podría ser la premisa que determine la ubicación de estos recursos.

CUIDADO: No coloque equipos o herramientas por colocarlas en el terreno. Debe responder a un plan general.

IDEAS: Si se llevan cilindro de aire, considere proteger las válvulas. Incendios en inflamables producen enormes cantidades de hollín.

TIPS: La calidad y buenas condiciones de las botas previenen de resbalones y caídas.

Entrenándose

Es importante que los bomberos individualmente o como parte de un equipo puedan maniobrar con prontitud y responder a cualquier situación.

Consejos para implementar la Formación W

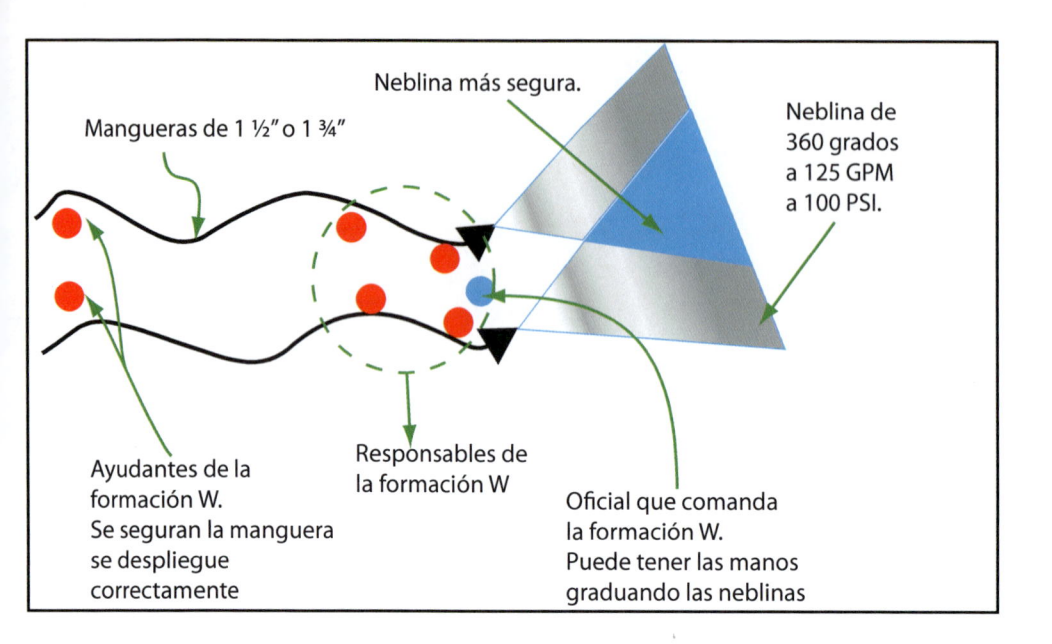

- Neblina más segura.
- Mangueras de 1 ½" o 1 ¾"
- Neblina de 360 grados a 125 GPM a 100 PSI.
- Ayudantes de la formación W. Se seguran la manguera se despliegue correctamente
- Responsables de la formación W
- Oficial que comanda la formación W. Puede tener las manos graduando las neblinas

En mi experiencia desarrollar una adecuada *formación W* puede tardar seis meses de continua practica, dedicándole 2 horas semanales como mínimo. Los problemas aparecen cuando el equipo de bomberos con el que se entrenó no es el mismo con el que se responde a una emergencia donde debe desplegarse ésta formación. Esto evidencia, que las soluciones individuales no ayudan globalmente sino se implementan adecuadamente. En este caso, debe ser política del servicio de bomberos obtener maestría en esta área.

No tema considerar ejecutar la *formación W* con mangueras de 2 ½". El equipo de bomberos así entrenado aprenderá a lograr mobilidad. Tomará tiempo entender como mover rápidamente pesadas mangueras de agua.

Seguramente deberá incluir más bomberos ayudantes si el tramo de manguera es extenso, pero finalmente lo logrará si persevera. Sin embargo, no use un solo tramo de manguera por cada línea desplegada en ningún ejercicio. El número correcto es de 4 para lograr cierta movilidad en mangueras de 1 ½". Si las distancias requieren mayor tramos de mangueras, estas deberán conectarse a mangueras de 2 ½" de preferencia para no perder el caudal deseado, unos 125 G.P.M (575 L.P.M.) Si se implementa como un ejercicio regular semanal que deben performar los bomberos, las cosas mejorarán notablemente.

Consideraciones al entrenar en la *formación* W

- ✓ Nunca hacerlo sin equipo completo de protección personal (*SCBA*). Si su servicio no le permite gastar en recargas de aire comprimido, entonces no lo conecte, pero si debe vestirlo para habituarse al peso e incomodidad que significa este equipo.
- ✓ Es importante que los bomberos individualmente o como parte de un equipo puedan maniobrar con prontitud y responder a cualquier situación.
- ✓ Cada ejercicio que se realice debe agregar un nuevo grado de dificultad.
- ✓ La improvisación no es una herramienta en la caja de los profesionales. Planear lo es.
- ✓ Trabaje con obstáculos y terreno con desniveles. Incluya escombros de ser posible. En una explosión, es lo que más abunda.
- ✓ Aprenda a sincronizar sus movimientos. El ritmo de avance, retroceso, asi como agacharse o pararse debe ser secuencial.
- ✓ Aprenda a comunicarse con señas, ello ahorrará aire.

Consejos para implementar la Formación W

- ✓ Despliegue la *formación W* de día y de noche.
- ✓ Cuando realice la *formación W* de noche de indicaciones claras para que un equipo de iluminación ciegue a los bomberos intencionalmente.
- ✓ Disminuya la visibilidad visual de todos los bomberos, usando plasticos en las viseras u otros artificios.
- ✓ Practique avances y retiradas. Las retiradas deben ser especialmente veloces.
- ✓ Logre que su equipo reaccione rápidamente ante la perdida de caudal o presiones.
- ✓ Sepa que habilidades y herramientas necesita para controlar incendios en bridas o como trabajar frente a válvulas defectuosas.
- ✓ Implemente un circuito que obligue a su equipo a realizar un recorrido por el cual deban desplegarse varios tramos de mangueras y ajustarse continuamente su tendido. Ponga obstáculos y desniveles. Trate de simular un escenario de escombros.

José Musse

39

La regla de los tres 7

En la mayoría de situaciones cuando se trabaja en *formación W*, el equipo de bomberos logrará la extinción en pocos minutos. En algunos casos será tan fácil que no requerirá acciones adicionales. Sin embargo, puede pasar que las situaciones se hagan más complejas en especial cuando los incidentes involucren plantas petroquímicas o eventos ARFF. En algunos casos los bomberos deberán realizar trayectos que no serán cortos, requerirá tiempo por la cantidad

CUIDADO: Incendio en bridas o válvulas con fuegos a presión son particularmente complejos.

IDEAS: Estudie casos pasados para aprender de los errores y aciertos cometidos.

TIPS: La regla de los tres 7 puede usarse en cualquier incidente.

Consejos para implementar la Formación W

de escombros o fragmentos que se pueda encontrar en el terreno. En estas circunstancia se puede usar la regla de los tres 7; Esta regla es muy simple y ayuda a tener en perspectiva el trabajo con *SCBA*. Se estiman 7 minutos de despliegue, 7 minutos de trabajo frente al fuego y 7 minutos de repliegue. Por supuesto habrán muchos incidentes que no requerirán una caminata de 7 minutos desde la zona fria hasta la caliente.

Felizmente la norma tiene un objetivo central. Que en el minuto 20 los bomberos sean advertidos que deben iniciar el retorno y que en el minuto 21, deben estar en marcha.

Lo que además deja un excelente margen de seguridad si estimamos 30 minutos de duración de aire en el tanque.

41
José Musse

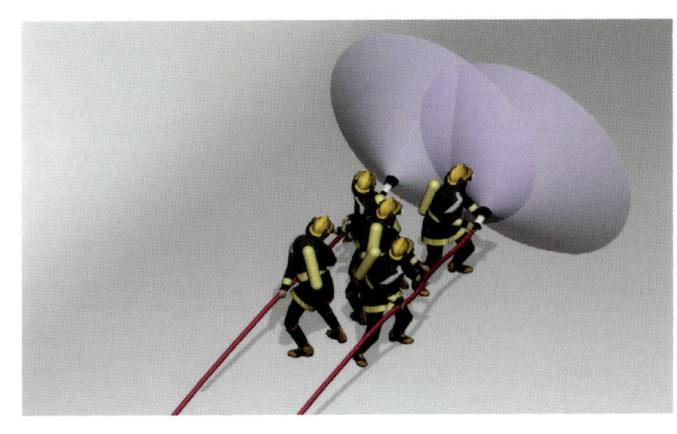

Trabajar dentro de las mangueras provee un mejor alineamiento, que impactará en un mejor avance.

No deben haber distracciones en el equipo. Es importante que se escuche una sola voz, la del líder.

CUIDADO
Entrene a los bomberos para que sepan prevenir y reaccionar ante un golpe de ariete.

IDEAS
Practique con el viento a favor y el viento en contra. En especial frente a fuego real.

TIPS
Coordinación es la clave del éxito.

42

Consejos para implementar la Formación W

Practicar con dos líneas y una longitud de uno o dos tramos de mangueras de 1 ½" por cada lado, en un terreno plano no es ejercitarse ni querer tener maestría en esta maniobra. No hay esfuerzo alguno, no requiere mayor trabajo de coordinación. Puede empezarse así el primer día de maniobras, pero no los subsiguientes. Uno de los retos mayores para implementar en estos ejercicios es trabajar con obstáculos. La seguridad de los bomberos depende de la integridad de las neblinas, pero comunmente en escenarios donde lo más eficiente es trabajar en esta maniobra hay objetos que obstruyen el paso o deforman la neblina. Uno de los ejercicios más interesantes que he ejecutado es el cerrar una válvula dañada a la cual se accede luego de sortear varios cilindros de 55 galones, algunos con fuego.

CUIDADO: Este listo para actuar si un miembro de su formación es lesionado.

IDEAS: Practique como retirarse si uno y luego dos miembros de la *formación W* quedan inhabilitados.

TIPS: Un Away team puede dejar una camilla cerca para agilizar la evacuación de un bombero caído.

José Musse

Uno de los inconvenientes mayores es el tiempo. Los bomberos tienen cerca de 7 minutos para hacer el trabajo. Lo que tome en llegar a la válvula y lo que necesiten para salir de la zona de peligro es clave. (véase *La regla de los tres 7*) Los entrenamientos deben ser siempre realizados con conteo de tiempo, de esta manera se podrá ver la mejora del equipo. La variable final del entrenamiento debe consistir en que uno de los miembros del equipo que realiza la *formación W* se accidente quedando inhabilitado, debiendo ser removido sin que los dos escudos de neblina sean cancelados. Pueden verse interrumpidos, pero deben reponerse y como el pitonero reaccione ante la caída del otro pitonero es clave para asegurar la integridad del grupo.

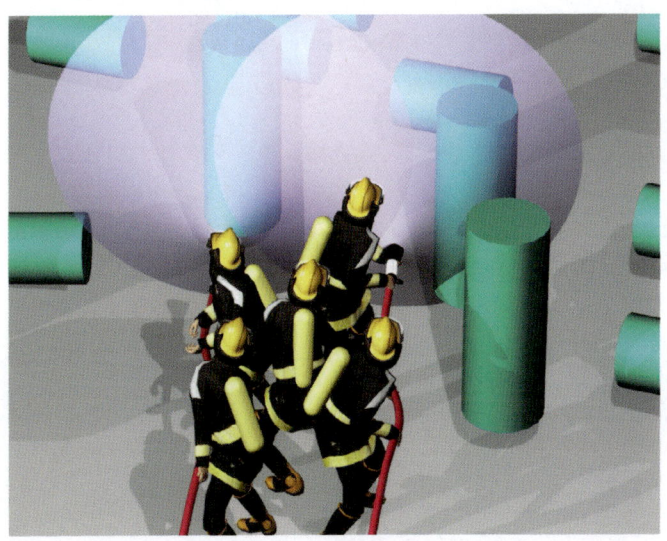

Agregue osbtáculos pesados y grandes, que no sean fáciles de mover y que obliguen al equipo trabajar alrededor.

44

Consejos para implementar la Formación W

Luego acondicione una trayectoria donde el equipo de bomberos deba obligadamente ajustar el tendido de sus mangueras. Use al menos cuatro tramos de longitud y proveales de ayudantes si es necesario. Junte obstáculos y trayectorias complejas, laberinticas. Aunque la *formación W* se realice en espacios abiertos es importante entender que se puede realizar en edificios semi demolidos por explosiones de gas.

CUIDADO: Equilibrio de movimiento y evitar la desincronización es la clave de una buena *formación W*.

IDEAS: Entrénese en cerrar válvulas y bloquear tuberías en mal estado.

TIPS: Mojar el equipo de protección personal puede ayudar en aumentar su seguridad.

¿Quién es quién?

Deben estar atentos, pueda que el grupo requiera retroceder ante un fuego violento y no debe estar tan cerca del pitonero que se convierta en un obstáculo y haga caer a miembros del equipo en plena ejecución de la maniobra.

48

Consejos para implementar la Formación W

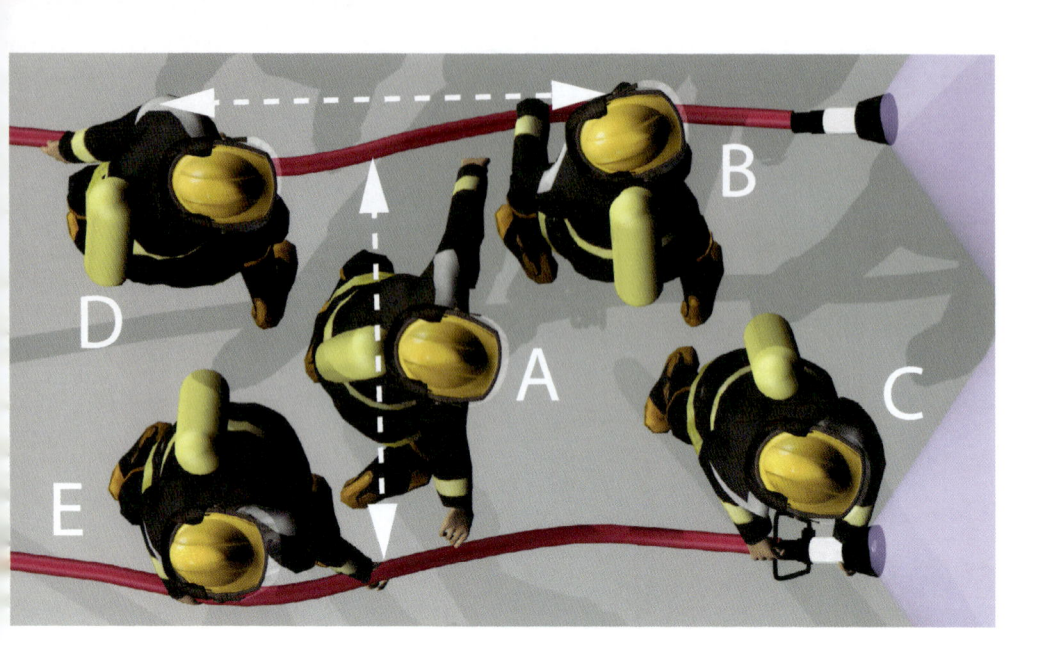

A

Es el líder del grupo, es quien decide la dirección de los chorros y se asegura que la posición sea la adecuada. Hace las correcciones necesarias para garantizar la máxima eficiencia. Debe mantener el ritmo del avance, además debe verificar en todo momento que el grupo sea compacto, da instrucciones por señas con su mano derecha en alto, —*la mayor parte del tiempo de tal forma*— que no necesita hablar, ahorrando aire. Desafortunadamente cuando la visibilidad es poca, el líder del grupo será quien deba consumir más aire. El ancho del grupo

---

CUIDADO: Un buen bombero debe reconocer cuando un chorro no esta siendo efectivo.

IDEAS: En caso la *formación W* tenga comprometida su visibilidad, un oficial externo debe informarle del status del fuego.

TIPS: El líder para segurarse que sea compacta su formación, puede extender los brazos ayudando a cargar las mangueras.

José Musse

trata de ser lo más compacto posible para reducir su exposición al calor radiante y fuego. El ancho ideal no supera la extensión de los brazos del líder del grupo.

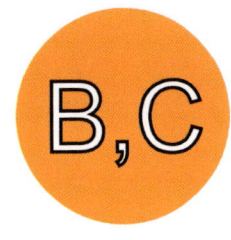

B, C

Son los pitoneros del grupo, deben reaccionar sincronizadamente. Un desnivel en sus neblinas haría que todo el grupo este en riesgo. Cuando el líder del grupo ordena un paneo, debe empezarse de izquierda a derecha. Suele ocurrir que en muchas ocasiones el grupo no está sincronizado y el pitonero B puede empezar el paneo hacia la izquierda, mientras que el pitonero C inicia hacia la derecha creando una brecha termica que afecta y pone en serio riesgo al grupo. El pitonero C marca el ritmo y velocidad ejecutada, el pitonero B iguala su marca.

D, E

Son los responsables de asistir a los pitoneros, de que ellos no tengan que forcejear con la manguera porque ésta se encuentra estancada. El manejo del espacio es clave, tan cerca como un brazo extendido que toca el hombro del pitonero o usar el peso de su cuerpo cuando debe mantenerse más compacto el grupo, pero a la vez este puede dejar la formación para asegurarse que tienen la extensión de manguera necesaria.

Deben estar atentos, pueda que el grupo requiera retroceder ante un fuego violento y no debe estar tan cerca del pitonero que se convierta en un obstáculo y haga caer a miembros del equipo en plena ejecución

---

CUIDADO: Si uno o dos monitores pueden hacer el trabajo de la *formación W*, no la implemente.

IDEAS: Líneas de manguera adicionales pueden proteger al equipo en caso de necesidad.

TIPS: Nunca material sensible a temperaturas o ambiente deben ser dejados al descubierto por los Away teams.

Consejos para implementar la Formación W

de la maniobra. La *formación W* puede ser apoyada con chorros maestros y monitores desde otras posiciones. Con ello se busca bajar aún más la temperatura ambiental reduciendo la intensidad del fuego.

Puede el Comandante del Incidente establecer más hombres para que en largos recorridos, estos ayuden con los pesados tramos de manguera.

De esta manera los asistentes de los pitoneros no deban abandonar al grupo momentáneamente o hacerlo menos veces. Estos bomberos no necesitan integrar o considerarse como parte de la *formación W*, solo la apoyan como cualquier otro bombero en la escena.

José Musse

En caso de que ocurra un accidente o falla sus chorros pueden asistir a los bomberos que desarrollan una *formación W*.

Comuniciones

Un lenguaje básico para comunicación entre bomberos que ha venido evolucionando desde aquel año y que he venido enseñando con bastante éxito.

Consejos para implementar la Formación W

El aire es el valor más preciado que tenemos con nosotros cuando combatimos incendios o respondemos a un incidente con materiales peligrosos. Cuando me inicié como bombero, en nuestra unidad se tenían tan solo cuatro *SCBA* y dos tanques de aire de repuesto. Estábamos obligados a ser eficientes si queríamos hacer las cosas bien y sobrevivir al mismo tiempo.

La necesidad es madre de la inventiva y un día al ver una película de guerra, viendo como los soldados se comunicaban unos a otros con señas, me pregunté a mi mismo por tener un lenguage bomberil que se ajustara a nuestra necesidades.

Las máscaras protectoras han realizado un magnifico trabajo entorpeciendo el flujo y tono natural de nuestras voces. Haciéndola poco inteligible cuando más necesitamos claridad. Para 1988 creé un lenguaje básico para comunicación entre bomberos que ha venido evolucionando desde aquel año y que he venido enseñando con bastante éxito. Para los equipos que realizan la *formación W* es particularmente importante, pues ahorrar aire significa más trabajo productivo. No es mi intención inventar la rueda. Muchas de las señas que uso, son parte del lenguaje conocido.

Cuando se trabaja en *formación W*, es un desafio hacer las señas en forma visible para todo el equipo. En algunos casos bastará con levantar la mano y en lo más alto hacer las indicaciones. Estas no deben ser muy rápidas, debe darse tiempo al equipo posicionarse para verlas. Algunas señas son específicas para los pitoneros, como indicación de tipo de chorro, panning y otras, bastará con hacerlo a su nivel visual, delante de ellos, más o menos donde los pitones se unen.

José Musse

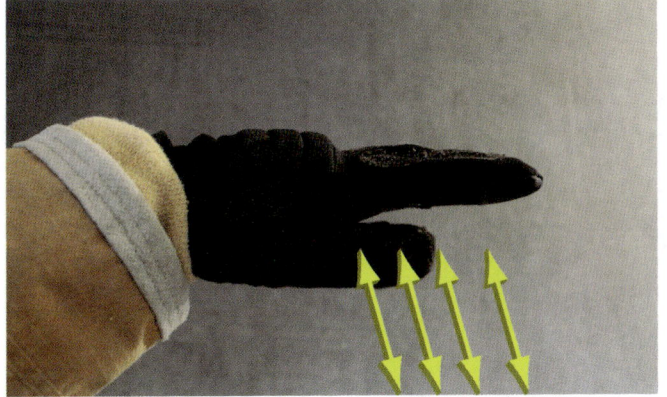

Foto: Carlos Carasas.

Agacharse
Esta señal en particular, implica que de caminar, se ande con el ***paso del patito***, que es la forma más segura de movilizarse con mangueras pesadas.

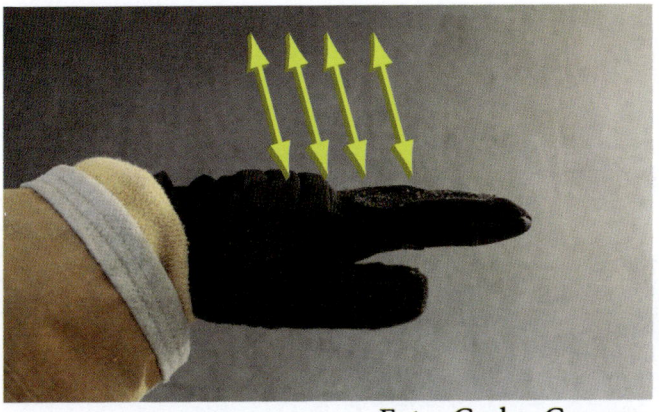

Foto: Carlos Carasas.

Levantarse
Es la misma señal que la anterior, haciendo énfasis hacia arriba.

56

Consejos para implementar la Formación W

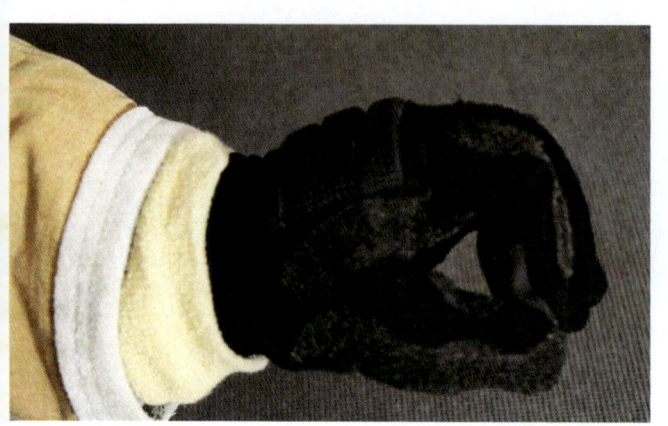

Foto: Carlos Carasas.

Manguera
Indica manguera, requiere una línea adicional. Esta señal será seguida por la indicación de medida de la manguera solicitada.

Foto: Carlos Carasas.

Manguera 1½"
Esta señal indica una manguera de 1½"

José Musse

57

Manguera 2½"
Esta señal indica una manguera de 2 ½".

Foto: Carlos Carasas.

Tiempo
Una señal universal donde la mano forma un "T". En la mayoría de casos se utiliza para indicar que el equipo de bomberos está corriendo fuera de tiempo y necesitará retirarse por tener reservas de aire baja (SCBA).

Foto: Carlos Carasas.

Consejos para implementar la Formación W

Soga
Las manos simulan un orificio central, como quien sostiene una soga invisible.

Foto: Carlos Carasas.

Apurarse
La manos realizando un ciclo rotativo, significa apresurar la marcha.

Foto: Carlos Carasas.

José Musse

Panning
Esto ordena que las mangueras deben hacer un panning o barrido de derecha a izquierda.

Foto: Carlos Carasas.

Panning
Esta es una señal que no necesita hacerse a lo alto para que todo el equipo lo vea. Es importante que lo vean los pitoneros. Para ello el líder del grupo puede aproximarse hacia adelante y estirar su mano hasta que éste visible a los pitoneros.

Foto: Carlos Carasas.

60

Consejos para implementar la Formación W

Cambio de maniobra
Es un aviso de que deberá cambiarse de maniobra y afectará al grupo por completo.

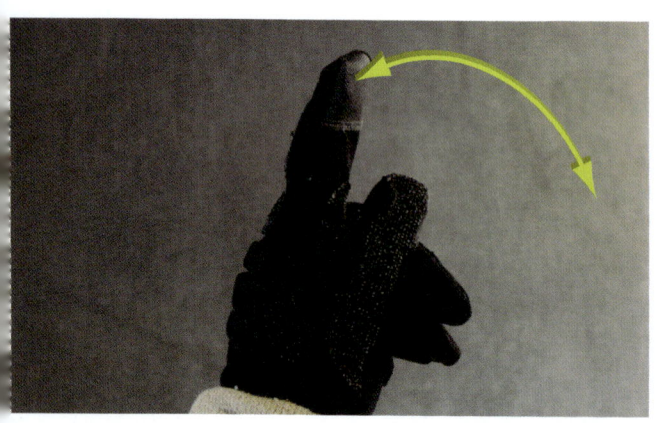

Foto: Carlos Carasas.

Avanzar
Dedo indice levantado que gira hacia bajo para mantenerse en posición horizontal. Movimiento repetido apuntando hacia el frente. Significa avance.

Foto: Carlos Carasas.

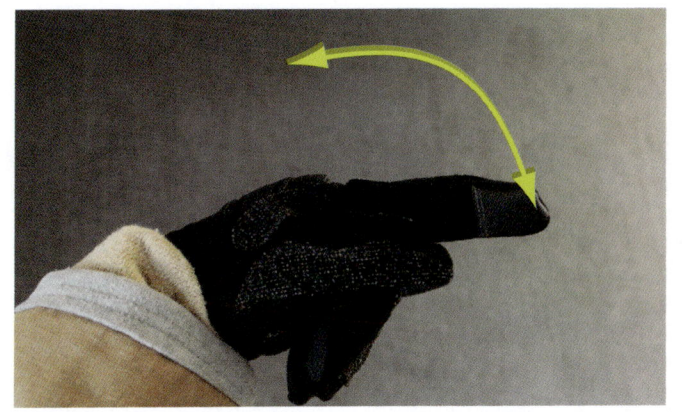

José Musse

61

Avanzar

Esta señalar debe suceder con tiempo suficiente para que los ayudantes de los pitoneros (D,E) y otros preparen las mangueras para avanzar.

Foto: Carlos Carasas.

Algo está mal

El líder indica al grupo que algo no esta bien o que la operación no esta funcionando. La siguiente señal que le pudiera seguir, es la de un aviso de cambio de maniobra.

Foto: Carlos Carasas.

Consejos para implementar la Formación W

Chorro
Los pitones deben lanzar chorro recto. El dedo índice debe dibujarse firme y en lo alto.

Foto: Carlos Carasas.

Neblina de ataque
Los pitones deben lanzar un chorro de ataque, conocido también como chorro de $15°-45°$.

Foto: Carlos Carasas.

José Musse

63

Todo bien
Señal universal de éxito. Puede indicar que la operación esta siendo bien ejecutada o la extinción se está produciendo.

Foto: Carlos Carasas.

Neblina de protección
Los pitones deben estar formando una neblina de protección o escudo de agua.

Foto: Carlos Carasas.

64

Consejos para implementar la Formación W

Detenerse

La señal "pare" es universal y no debe ser confundida por la que indica la necesidad de neblina de 3600, que se caracteriza por tener los dedos separados.

Foto: Carlos Carasas.

José Musse

El Autor

José Musse es el bombero más leído en idioma español. Tiene más de 26 años de experiencia combatiendo incendios. En 1996, Introdujo el Sistema de Comando de Incidencias en América Latina. También creó simuladores virtuales 3D para entrenar bomberos. Desde 1998 luchó por introducir en los Estados Unidos, Australia y América Latina el concepto de gigantes aviones bomberos para enfrentar incendios forestales. Fue Director de Operaciones y Jefe de Bomberos para el consorcio americano, canadiense y ruso Global Emergency Response, promoviendo el uso del avión Ilyushin-76.

El Programa de Medioambiente de las Naciones Unidas (UNEP) ha citado su trabajo por los incendios forestales en Bolivia, al igual que la Universidad de Syracuse en Nueva York. Recientemente un estudio de la Universidad de Kent sobre símbolos de emergencia tambien ha mencionado su aporte profesional en ese campo.

Actualmente es director del Centro de Entrenamiento de Bomberos Profesionales (Fire Training Center of Peru) Vive entre Nueva York y Lima. Participa activamente dando conferencias alrededor del mundo, entrenando bomberos, y como consultor. Promoviendo nuevos métodos y sistemas. Ha escrito varios manuales sobre tácticas y técnicas contra incendio.

Desde hace 16 años dirige la revista ***Desastres.org*** que busca aumentar la eficiencia operativa de los bomberos latinoamericanos. Es un activista que ha luchado contra la corrupcion en los servicios de emergencia.

Printed in Germany
by Amazon Distribution
GmbH, Leipzig